RAPPORT

SUR L'EXTRAIT

DU SECOND COURS GRATUIT

DE M. LOMBARD,

RELATIF A L'ÉDUCATION ET A LA CONSERVATION

DES ABEILLES,

AUQUEL ON A JOINT LE DÉTAIL DES DIVERSES
EXPÉRIENCES ET DES ESSAIS FAITS DANS LE
DÉPARTEMENT DU CALVADOS;

PAR M. REVEL DE LABROUAIZE,

*Conseiller en la Cour Royale de Caen, et Membre de
la Société d'Agriculture et de Commerce de cette ville.*

A CAEN,

Chez F. POISSON, Imprimeur de la Société
d'Agriculture et de Commerce

1820.

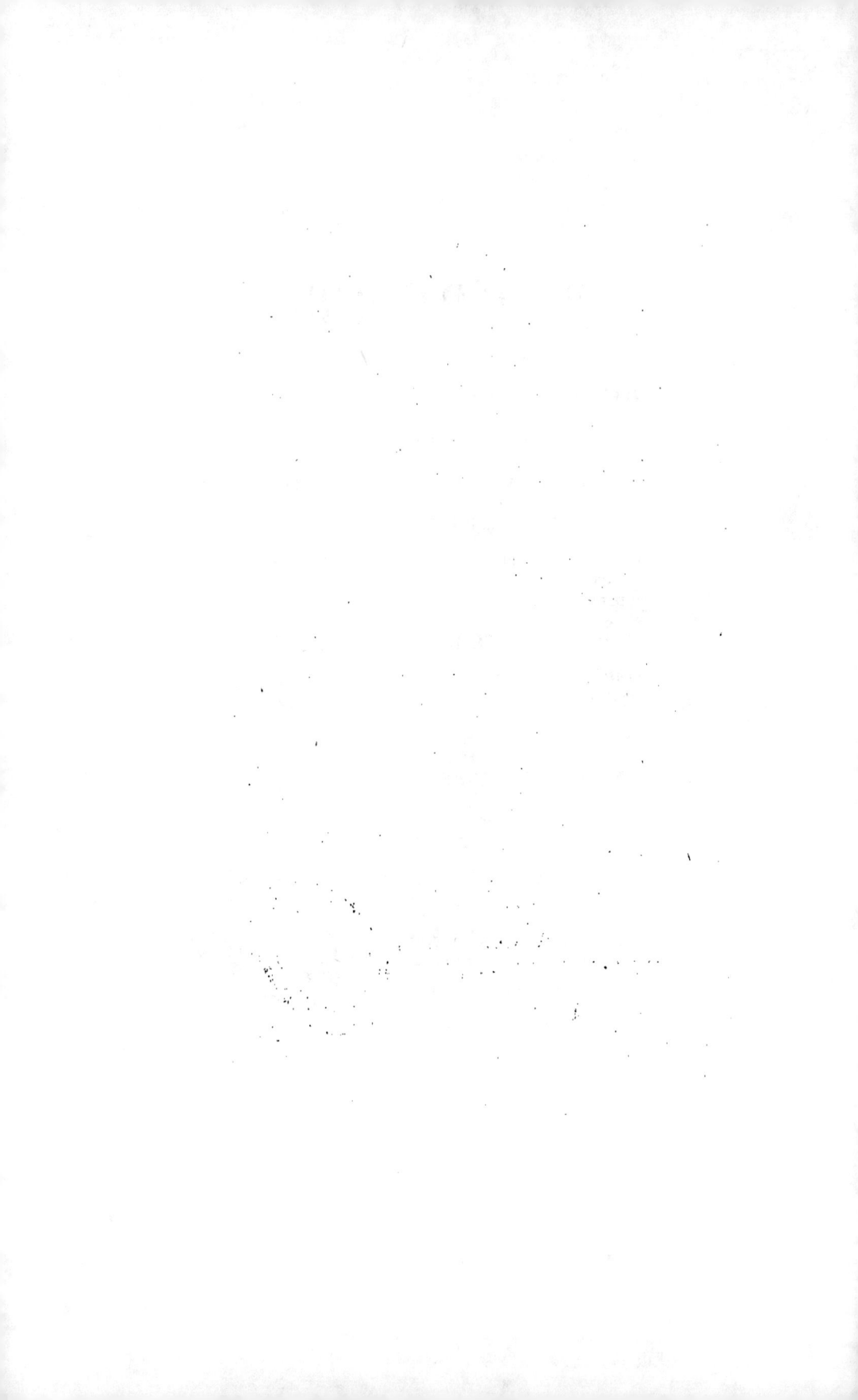

RAPPORT

SUR L'EXTRAIT

DU SECOND COURS GRATUIT

DE M. LOMBARD,

RELATIF A L'ÉDUCATION ET A LA CONSERVATION

DES ABEILLES,

Lu à la séance de la Société d'Agriculture et de Commerce de Caen, du 17 mars 1820.

MESSIEURS,

Les abeilles, cet insecte si intéressant aux yeux du philosophe qui, pénétrant dans leur habitation, étudie leurs lois, leurs mœurs et leurs procédés, sont également précieuses pour le cultivateur éclairé, qui les réunit et les soigne, sous le rapport de leur utilité et de leurs produits. Elles ont dû fixer l'attention d'un Monarque, le père de ses peuples, qui ne néglige aucuns moyens de prospérité publique. C'est sous ses auspices que M. Lombard, membre de la Société centrale d'Agriculture, a ouvert un cours gratuit relatif à l'éducation et à la conservation des abeilles. Déjà il avait publié plusieurs ouvrages intéressans sur cette matière , et entr'autres un Manuel contenant des instructions très-sages qu'il a mises en pratique sous les yeux de ses élèves.

Beaucoup de jeunes gens de différens départemens ont suivi ces deux cours : le Calvados n'en a point envoyé, quoique dans ce département on se livre avec beaucoup de succès à la culture des abeilles. Peut-être , d'après leur expérience , nos cultivateurs ont-ils cru qu'ils n'avaient pas besoin d'instructions particulières.

Il existe cependant parmi eux quelques difficultés , principalement celle de déterminer quelle est la méthode la plus simple pour retirer des abeilles le plus grand produit , sans nuire à leur conservation et à leur multiplication ?

Vous voudrez bien , Messieurs , qu'après vous avoir exposé la méthode de M. Lombard , nous la rapprochions de celle de nos cultivateurs. Il sera facile alors de décider quelle est la plus avantageuse.

Après avoir examiné quelle est la cause de la diminution des abeilles en France , M. Lombard pense avec raison que nous avons

déjà trop d'ouvrages publiés sur ces insectes ;
qu'il n'existe aucune méthode propre à nous
assurer beaucoup d'essaims et d'abondantes
récoltes en cire et en miel, et que cela dépend des saisons et des localités.

J'ajouterai qu'il serait nécessaire que les
auteurs qui écrivent sur les abeilles indi-
quassent dans quelles localités ils se trouvent
et quelles sont les plantes qui servent à la
nourriture de ces insectes ; car il est évident
que telle ruche, excellente dans un pays,
ne conviendrait point dans un autre, et que
le gouvernement des abeilles diffère néces-
sairement du Midi au Nord.

L'ouvrage de M. Lombard et la ruche qu'il
a imaginée, ont fait la base de la première
partie de son cours. On sait que cette ruche
est composée d'un grand couvercle qu'on
enlève à-peu-près tous les ans, lorsque la
pesanteur de la ruche indique qu'il y reste
assez de nourriture ; et d'un corps de ruche
de quatorze pouces de hauteur sur un pied
de diamètre. J'ai essayé de la ruche de M.
Lombard, et presque de toutes celles des
différens ouvrages publiés sur les abeilles :
dans toutes, j'ai rencontré de graves inconvéniens ; et il faut le dire, après beaucoup
d'expériences et des essais très-coûteux, j'en

suis revenu à la ruche la plus simple, en paille et d'une seule pièce. J'en ferai connaître les motifs; je signalerai quelques-uns des défauts de la ruche de M. Lombard, qui peut être très-bonne dans son département et dans tous ceux où il se trouve une succession de fleurs et de nourriture pour les abeilles; mais dans le Calvados, où cette nourriture n'est que momentanée, si vous enlevez le couvercle qui contient presque tout le miel de la ruche, les abeilles, ne remplissant pas le couvercle vide que vous leur substituez, languissent et meurent: d'ailleurs, le corps de la ruche de quatorze pouces n'étant pas renouvelé, finit par se détériorer et on ne peut conserver les abeilles qu'en les transvasant, ce qui, entr'autres inconvéniens, entraîne toujours la perte du couvain, si nécessaire à la conservation des abeilles.

M. Lombard, il est vrai, remédie à ce premier inconvénient, en divisant le corps de sa ruche; mais alors plus de couvercle, et cette ruche devient une ruche à hausse qui présente d'autres désavantages.

Le sujet du second cours de M. Lombard, était la formation des essaims artificiels. Il a fait cette opération par deux méthodes distinctes.

Par la première , au moyen de la fumée qu'il introduit dans le corps de sa ruche , il fait passer la majeure partie des abeilles, y compris la reine, d'une ruche bien remplie dans une ruche vide. Cette première opération n'est pas sans danger et sans inconvéniens. M. Lombard les prévient en partie, en plaçant sur la ruche vide un couvercle plus ou moins rempli de provisions. La seconde opération lui a été indiquée par M. de Lambre , du département du Pas - de-Calais.

Il lui a fourni l'idée de diviser la ruche de quatorze pouces en deux parties : alors on frappe quelques coups légers sur la partie inférieure ; on enlève ensuite la partie supérieure où il y a du couvain de toute sorte et de tout âge ; on place dessus un couvercle vide , et dessous une partie également vide , et l'opération est terminée. Je préfère de beaucoup cette opération à la première , parce que la nouvelle ruche se trouve presque naturellement établie , et elle a un commencement de provisions et une quantité suffisante de couvain pour assurer son existence.

En général , la formation des essaims artificiels a ses avantages et ses dangers.

Il est certain que l'amateur qui les forme choisit pour cela le temps qu'il juge le plus favorable , le moment de l'abondance des fleurs , et dès-lors l'essaim doit devenir plus fort et plus garni que quand il ne paraît qu'à la moitié ou à la fin de la fleuraison. On n'est d'ailleurs pas obligé de veiller sans cesse à la sortie des essaims ; enfin on obtient des produits de ruches qui n'auraient pas essaimé.

Mais ne peut-on pas dire aussi que cette opération contrarie la nature ; qu'en devançant le moment où elle a décidé que l'essaim doit sortir , on s'expose souvent à le perdre? Les abeilles , en effet , qui essaiment naturellement , choisissent l'instant le plus favorable où la nouvelle colonie trouvera tout ce qui est utile à sa nourriture et à son entretien. Les abeilles destinées à fournir un nouvel essaim , ont soin de recueillir d'avance tout ce qui est nécessaire aux premiers instans de sa formation. Survient-il un temps contraire à la récolte , le travail intérieur continue et plusieurs gâteaux sont déjà formés ; au contraire , dans les essaims artificiels , si vous ne trouvez pas les moyens de pourvoir à la nourriture des abeilles chassées de leur ruche au dépourvu , ils languissent et périssent bientôt.

Un autre inconvénient des essaims artificiels, est que l'amateur se trouve privé des
seconds essaims, et on sait qu'une bonne
ruche peut, sans nuire à sa conservation,
jeter deux bons essaims.

Je crois, à l'occasion de ces seconds essaims, devoir citer ici une observation que
je n'ai vue dans aucun traité sur les abeilles.
Ils sont constamment, quelques jours avant
leur sortie, précédés et annoncés par un
petit cri ou chant plaintif des reines. Ce
chant augmente tous les jours en gravité; et
quand il part du bas de la ruche, l'essaim
est au moment de s'envoler. Ce fait donne-
rait lieu à plusieurs questions.

Pourquoi ce chant ne se fait-il entendre
qu'aux seconds et jamais aux premiers essaims ? N'est-ce point que comme il se trouve
plusieurs reines à ces seconds essaims, elles
veulent se faire des partisans, ou avertir leurs
compagnes de l'instant où elles ont acquis
toutes leurs forces et leur développement ?
Au reste, ce fait n'est pas le seul dont on
ne peut assigner la cause.

M. Lombard a fait avec ses élèves toutes
ses opérations le visage découvert et les mains
nues, sans le moindre accident; cependant
il conseille de s'envelopper, dans la dernière

1 *

opération, d'une petite atmosphère de fumée.

Quoique les abeilles connaissent et res-
pectent les personnes qui les aiment et les
soignent, je n'en conseille pas moins à tous
ceux qui préparent quelque opération sur
elles, de la faire précéder par l'introduction
de la fumée dans la ruche.

Du moment qu'elles en éprouvent l'effet,
elles marquent leur mécontentement par un
fort bourdonnement ; elles se groupent au-
tour de la reine ; elles abandonnent toute
défense. On peut les diviser, et prendre une
partie de leurs provisions, sans crainte d'en
être piqué.

Après avoir suivi M. Lombard dans les procédés les plus intéressans de son cours gratuit, je dois mettre en parallèle la manière
industrieuse des cultivateurs de notre département ; vous calculerez aisément lequel des
deux procédés procure les résultats les plus
avantageux.

M. Lombard assigne comme contrées où
l'on peut élever beaucoup d'abeilles, celles
où l'on s'occupe en grand de la culture du
sarrasin, les landes, les forêts, les bruyères.
Je crois qu'il a oublié le terrain le plus pro-
ductif, celui qui donne le plus beau, le
meilleur miel, je veux dire les plaines où

se cultive en grande quantité l'excellent four-
rage du sainfoin.

Dans le Calvados , il n'existe que deux
contrées bien différentes où l'on puisse réunir un grand nombre d'abeilles et en tirer
un produit considérable : le Bocage , où l'on
sème beaucoup de sarrasin , et les plaines qui
fournissent beaucoup de sainfoin. Dans la
première contrée , on récolte la plus belle
cire et du miel en abondance ; mais ce miel,
d'une couleur jaune ou brune , est toujours
d'une odeur et d'un goût désagréables. La
seconde , au contraire , produit une cire plus
difficile à blanchir ; mais le miel , lorsqu'il
est récolté sans mélange, est de la plus grande
limpidité et du goût le plus exquis. Nous
allons vous exposer, Messieurs , comment nos
habiles cultivateurs ont su réunir les avantages de deux contrées si disparates.

Les genets, les joncs marins, et principalement le sarrasin , rendent les ruches beaucoup plus abondantes dans la contrée du
Bocage , que ne font les colzas et les sain-
foins dans nos plaines des environs de Caen.
Jadis les ruches ne sortaient jamais de la contrée; mais il y a quelques années , les pro-
priétaires de ces ruches , calculant la grande
différence qu'il y avait entre le prix de leur

miel noir et celui du miel blanc qu'on reti-
rait du sainfoin , essayèrent de faire voyager
leurs ruches dans la plaine. Cette tentative
eut un tel succès, qu'on les y voit arriver
aujourd'hui en grand nombre. Chaque année , plusieurs centaines sont déposées dans
les communes d'Avenay , Vieux, Maltot, etc.;
celle de Fontenay-le-Marmion en reçoit elle
seule plus de quinze cents.

Mais ce n'était point assez de transporter
des ruches encore remplies du miel prove-
nant du sarrasin ; les cultivateurs s'aperçurent
bientôt qu'ils n'obtiendraient un profit considérable , qu'autant qu'ils pourraient retirer
de leurs ruches un miel pur et sans mélange. Voici quel était d'abord leur procédé :
Ils commençaient par vider leurs ruches , et
profitaient ainsi du restant de leurs provisions d'hiver ; les abeilles affamées récoltaient
avec avidité le miel de sainfoin. La récolte
finie, ils vidaient encore une fois leurs ruches
et les remportaient dans leur pays, où la
fleur du sarrasin leur fournissait une sub-
sistance abondante pour l'hiver. Dans un
essai que j'ai présenté, il y a quelques années,
à la Société , j'avais annoncé que cette méthode ne réussirait pas. Il était facile de pré-
voir dès - lors qu'une ruche , quelque bien

peuplée qu'elle fût , composée d'insectes si
délicats , auxquels la nature n'a accordé
qu'une année d'existence , entourés d'enne-
mis nombreux , devait bientôt se détériorer
et périr , si elle n'était pas , dans la belle saison , successivement renouvelée par de nou-
velles naissances. En vidant deux fois leurs
ruches , les habitans du Bocage détruisaient
tous les moyens de reproduction , et leurs
ruches, qui perdaient leur couvain, périssaient
tous les ans.

Il fallut donc abandonner cette méthode
désastreuse : voici celle qu'ils y ont substi-
tuée. Ils ont soin de se pourvoir d'une ruche
où il y a un commencement de travail que
les abeilles ont abandonné , qu'ils appellent
une maurinne. S'ils n'en ont pas , ils en for-
ment une artificielle , en attachant dans
une ruche bien propre quelques gâteaux à
la distance d'un demi pouce , allant du bas
de la ruche au sommet. Ils ont eu soin ,
après avoir transporté leur ruche, de l'assu-
jettir solidement sur un support; ils coupent
ensuite une portion circulaire du haut de
cette ruche d'environ six à huit pouces de
largeur ; ils posent la ruche préparée sur
l'ancienne , et luttent tous les intervalles.

Les abeilles, lorsque la saison est favorable, ont bientôt rempli de provisions la ruche nouvelle, qu'on enlève dès que la saison du sainfoin est terminée, en faisant passer dans l'ancienne ruche les abeilles qui se trouvent dans la nouvelle. Profitant ainsi de toute la récolte de l'année que renferme la ruche enlevée, on conserve intacte l'ancienne ruche, améliorée encore par une portion du miel nouveau que les abeilles y ont déposé. Cette opération, bien préférable à l'ancienne, s'appelle *calotter la ruche*.

Avant d'en calculer les avantages, je dois, Messieurs, vous faire connaître encore une autre opération pratiquée avec bien du succès dans le canton de Saint-Pierre-sur-Dives et dans beaucoup de communes voisines d'Argences et de Croissanville. Au lieu de percer le sommet de leurs ruches, les cultivateurs, après les avoir bien enfumées, en retournent la face vers le ciel et la couvrent avec une ruche préparée ; comme je l'ai dit dans la précédente opération ; ils lutent bien ces deux ruches, et sur le devant, vis-à-vis des ouvertures par où passaient les abeilles ils placent une petite planche un peu horizontale ; et après la saison, ils profitent également de tout le travail des abeilles dans

la nouvelle ruche , qu'ils ont même rempla-
cée par d'autres , si , dans une saison bien
favorable , la nouvelle s'est trouvée remplie
de bonne heure et avant la fin de la récolte.
Vous concevez , Messieurs , qu'instruit de
ces méthodes dont les bons cultivateurs
s'applaudissaient , j'ai désiré en faire l'épreuve
et ensuite les comparer , pour pouvoir décider laquelle des deux présentait les résultats les plus avantageux.

Depuis plusieurs années , j'ai donc *calotté*
et retourné une égale quantité de ruches
placées dans le même local , et j'ai constamment éprouvé que soit que les saisons fussent mauvaises ou qu'elles fussent favorables ,
les ruches retournées donnaient toujours un
produit plus considérable que les ruches
calottées , et on peut aisément découvrir la
cause de cette différence. Dans la ruche *calottée ,* les abeilles étant obligées de passer au
travers de la ruche inférieure pour porter
leur travail dans la supérieure , il est naturel qu'elles ne songent à travailler dans
celle - ci que lorsque la première est bien
remplie. Dans la ruche retournée , au contraire , les abeilles arrivant à l'entrée de
cette ruche , se portent naturellement à tra-

vailler dans la ruche supérieure , plutôt qu'à
descendre dans leur ancienne ruche.

En comparant le produit de notre méthode
avec celui de la méthode de M. Lombard ,
nous trouvons que la récolte du couvercle
de ses ruches est tout au plus de douze à
dix-huit livres de miel , tandis que celle de
nos cultivateurs est toujours supérieure. M.
Serain, notre collègue, qui cultive les abeilles
avec tant d'habileté et de discernement , m'a
dit que , dans les années favorables , il avait
successivement retiré d'une ruche retournée
trois à quatre ruches bien remplies de miel.
Mais d'ailleurs quelle différence dans la qua-
lité des produits ! Celui que M. Lombard
retire de ses couvercles a séjourné depuis
long-temps dans sa ruche ; celui de nos ama-
teurs est le produit d'un mois : c'est du miel
vierge , le plus limpide , le meilleur qu'on
puisse imaginer. Il faut cependant avouer que
si cet avantage tient à la manutention ; il
dépend encore plus de la localité ; mais nous
trouvons dans notre méthode un motif de
préférence ; en enlevant le couvercle de la
ruche , on prend toujours une grande partie de la nourriture destinée par les abeilles
à leur provision ; et nous , au contraire , nous
faisons une récolte plus abondante , sans ja-

mais toucher aux provisions de l'ancienne ruche.

J'ajouterai que cette ruche, reportée au Bocage à l'instant de la fleur des sarrasins, est de nouveau *calottée*, ou retournée ; que, la saison finie, le cultivateur peut, en examinant l'état de ses ruches, sacrifier, sans perdre une abeille, celle qui se trouve trop ancienne et quelquefois les conserver toutes deux ; il doit, en effet, savoir que s'il veut conserver le fond de son rucher, il faut le renouveler en partie tous les ans par de nouveaux essaims, et comme il n'est pas dans la nature que la ruche qui lui a procuré du miel lui procure encore des essaims, il doit destiner tous les ans une portion de ses ruches à lui procurer des essaims, et l'autre à lui fournir et le miel et la cire.

On conçoit maintenant comment, ayant adopté la méthode de ces cultivateurs, j'ai été obligé, en renonçant à toutes les ruches à hausse, d'adopter enfin la ruche d'une seule pièce, pour pouvoir mettre en usage cette méthode que je regarde comme la meilleure de toutes celles qui aient été pratiquées jusqu'ici.

Je dois encore, Messieurs, vous faire part d'un procédé utile que j'avois vu annoncer sans

y croire, mais que j'ai éprouvé plusieurs fois
avec beaucoup de succès. On sait qu'il est
essentiel d'avoir des ruches bien garnies
d'abeilles et de provisions ; dans un rucher un peu nombreux, il se trouve toujours de seconds essaims plus faibles. Y a-
t-il quelque moyen naturel de les fortifier ?
Il est connu que dans presque toutes les
ruches, les abeilles ont des gardes établies,
des signes de reconnaissance, et que, si
une abeille étrangère à la ruche se trompe,
quoiqu'elle apporte des provisions, elle est
inhumainement mise à mort. Hé bien !
cette garde si sévère, cette police si cruelle
cesse à l'instant où la ruche est changée de
place ; mais ce n'est pas tout, si vous
substituez à une ruche très-forte une
ruche bien faible en abeilles et en provisions, celles qui étaient sorties retournent
à l'emplacement de leur ancienne ruche ;
étonnées d'abord de ne plus retrouver ni leur
habitation ni leurs compagnes, après quelques
instans d'hésitation, elles finissent par adopter la ruche qui la remplace. Cette expérience que j'ai souvent renouvelée avec succès, fournit les moyens à l'amateur atten-
tif de fortifier les essaims faibles, sans nuire
essentiellement aux essaims très-forts. En effet,

dans la saison du travail, il se trouve toujours dans un rucher une portion de ruches où il y a une telle surabondance d'abeilles, qu'elles sont obligées de sortir de leur ruche, et d'habiter à l'extérieur ; ce sont ces ruches auxquelles il faut substituer des essaims faibles ; mais il faut faire cette opération dans un beau jour, à midi, tandis que la majeure partie des abeilles est à l'ouvrage, et on ne tardera pas à voir s'augmenter les provisions et les habitans de la ruche trop faible.

Il ne me reste plus, Messieurs, qu'à former le vœu de voir se répandre de plus en plus ces méthodes qui sont si favorables à la culture et à la propagation des abeilles, et qui fournissent des moyens si faciles d'en retirer de grands produits ; elles sont encore aujourd'hui négligées par un certain nombre de cultivateurs qui s'obstinent à suivre l'ancienne routine, et disons-le, il en est encore, aux portes de cette ville même qui étouffent leurs abeilles pour en récolter le miel : semblables à ces sauvages qui coupent l'arbre pour en avoir le fruit.

La Société d'Agriculture et de Commerce de Caen a arrêté, dans sa séance du 17 mars

1820, que le rapport de M. Revel de La-
brouaize, intitulé : *Rapport sur l'extrait du
second Cours gratuit de M. Lombard, relatif à
l'éducation et à la conservation des abeilles,*
serait imprimé à ses frais et inséré dans le
Recueil général de ses Mémoires ; qu'il serait
envoyé aux différentes Sociétés d'Agriculture
avec lesquelles elle est en correspondance.

Pour copie conforme au procès-verbal,

P.-A. LAIR, *Secrétaire.*

www.ingramcontent.com/pod-product-compliance
Lightning Source LLC
Chambersburg PA
CBHW050438210326
41520CB00019B/5983